EAU MINÉRALE

SULFUREUSE ET THERMALE DE SAINT-HONORÉ

(NIÈVRE).

ANALYSE FAITE EN 1851,

PAR M. Ossian HENRY,

MEMBRE DE L'ACADÉMIE DE MÉDECINE

ET CHEF DE SES TRAVAUX CHIMIQUES, ETC.

PARIS.

IMPRIMÉ PAR E. THUNOT ET Cᵉ,

RUE RACINE, 26, PRÈS DE L'ODÉON.

1855

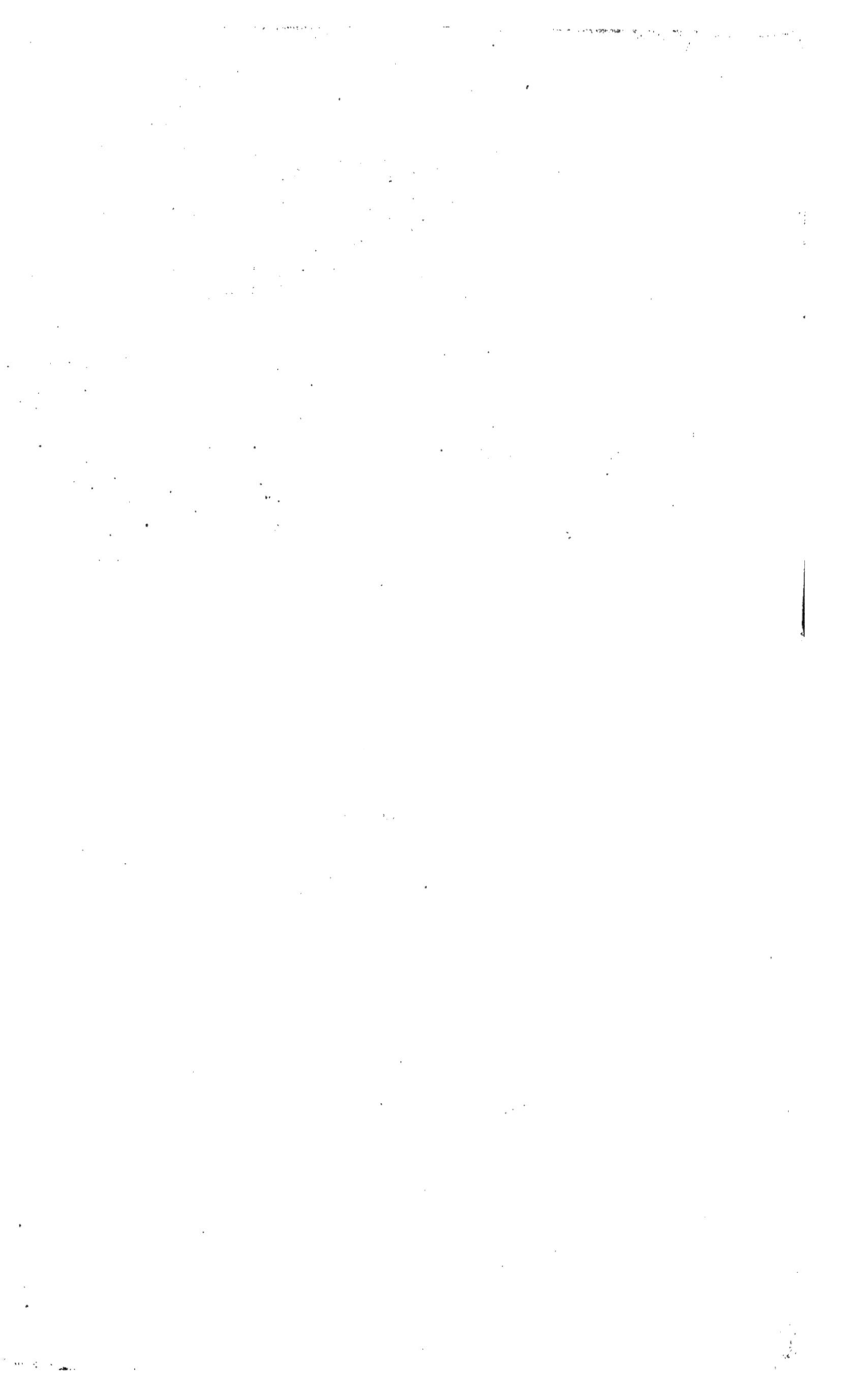

EAU MINÉRALE

SULFUREUSE ET THERMALE DE SAINT-HONORÉ

(NIÈVRE).

Prolégomènes. Lorsque l'expérience de longues années, de siècles même a consacré certains faits, il est impossible de ne pas croire qu'il se trouve dans ces faits un fond de vérité et d'observation.

Cette réflexion peut s'appliquer parfaitement aux eaux minérales naturelles qui, répandues à la surface du sol et avec profusion dans certains pays, ont à beaucoup d'époques été employées par les hommes comme moyens de guérison ou de soulagement à leurs maux ; n'est-ce pas alors parce qu'ils avaient reconnu à ces eaux des vertus curatives non contestables ?

Parmi les peuples qui ont fait usage des eaux minérales, on peut citer, en première ligne, les Romains qui les ont préconisées d'une manière particulière, en leur portant même une sorte de culte. De là ces monuments thermaux splendides et souvent gigantesques élevés par eux à diverses sources minérales, et dans lesquels tout était coordonné de manière à profiter des bienfaits des eaux sur la santé.

La France, si riche en eaux minérales de tous genres, possède un grand nombre de sources qui, lors de la domination des Romains dans les Gaules, furent l'objet de l'attention de ce grand peuple. Quelques-unes offrent encore en partie les restes des établissements thermaux construits par lui, d'autres n'en laissent plus apercevoir que quelques vestiges ou quelques ruines dont l'importance atteste toutefois la grandeur des monuments primitifs. Parmi les sources de ce genre nous trouvons à placer celles de *Saint-Honoré*, bourg du département de la Nièvre, situé près de Moulins-en-Gilbert, au centre de la France, dans un pays des plus pittoresques et sur la limite du Morvan. Ces eaux paraissent se rapporter à celles désignées sous le nom ancien d'*Aquæ Nisinei*, dont nous allons donner la description (1).

Historique.

« Au milieu du siècle dernier, le savant Danville recherchait sur la carte de Peutinger, le lieu désigné sous le nom d'*Aquæ Nisinei*. L'édifice carré qui sur la carte militaire de l'empire romain, indique un établissement thermal, avait singulièrement frappé son esprit par la difficulté qu'il y avait à le fixer sur le terrain même. Ne pouvant se rendre compte de cette position inconnue de nos jours, il avait fini en l'étudiant par confondre les lieux et les distances, et pour expliquer un point qui échappait à ses recherches, il se décidait à placer *Aquæ Nisinei* soit à Bourbon-Lancy, soit à Bourbon-l'Archambault, voire même à Néris. La cause d'une semblable erreur de sa part, était la position ignorée qu'occupait alors le petit bourg de Saint-Honoré, perdu dans ces grandes forêts du Morvan, dernière image de la Gaule.

» S'il eût pu arriver par hasard dans l'endroit qu'il avait tant de peine à reconnaître, il est même douteux qu'il y eût découvert l'objet de ses recherches, car il n'y a pas plus de quarante ans que les sources de Saint-Honoré coulaient encore dans des marécages, et semblaient défier toute investigation touchant leur antique célébrité. Quelques cabanes couvertes de genêts, sous lesquels des espèces de lavoirs servaient de piscines, offraient alors un pauvre refuge aux habitués du pays.

» Dans cet état de choses plus qu'élémentaire, ces sources bienfaisantes avaient encore le privilége de guérir bon nombre de malades. Mais leur réputation salutaire, quoique très-grande dans les environs, ne pouvait frapper l'attention publique, car le Nivernais manquant de routes, n'était point parcouru à cette

---

(1) Je dois à l'obligeance de M. le marquis d'Espeuilles, propriétaire des eaux de Saint-Honoré, les documents présentés dans la note ci-dessus détaillée.

époque, et restait abandonné à sa sauvage nature. En 1820, le maire de Saint-Honoré, frappé de tous les vestiges d'antiquités qui existaient dans le pays, voyant trois voies romaines aboutir à ces sources, résolut d'y pratiquer des fouilles. Son entreprise fut couronnée d'un succès complet. Sous des atterrissements amoncelés par les siècles, à quinze pieds du sol, il mit au jour l'antique établissement qui jusqu'alors avait échappé à toutes les investigations. Des bétons admirables par leur conservation, des dallages en marbre, révélèrent une antique réputation, expliquèrent les routes et les ruines romaines qui couvraient le pays. Plus tard, en 1838, d'autres fouilles amenèrent des résultats plus complets, on retrouva d'anciennes piscines recouvertes en marbre blanc, et dans les puits d'où s'échappent et bouillonnent les sources, des médailles de Néron et de divers empereurs fixèrent des dates, et la véritable position d'*Aquæ Nisinei*.

» En mettant au jour toutes ces richesses archéologiques, on acquit aussi la certitude que l'antique Nisinéi avait été ruinée et livrée à une dévastation sans pareille. Qui pourrait dire aujourd'hui à quelle époque eut lieu le sac de cet établissement ? A qui attribuer cette fureur de dévastation qui non seulement s'est appesantie sur les thermes de Saint-Honoré, mais encore dans tout le pays d'alentour où, à chaque pas, des tuiles romaines effondrées sous de la cendre, révèlent un de ces passages d'hommes ravageurs dont un des chefs se faisait appeler le fléau de Dieu ? Personne ne dirait leur nom aujourd'hui, pas même les gens du pays qui cultivent au-dessus des bains des terres qu'ils appellent encore de nos jours les champs Goths.

» Les sources thermales sulfureuses chaudes de Saint-Honoré, situées près de Moulins-en-Gilbert, département de la Nièvre, surgissent à la jonction du calcaire et du granit au pied du Morvan, dans un lieu éminemment pittoresque. Leur force d'ascension et leur abondance sont si considérables, qu'elles pourraient faire tourner un moulin. Les diverses sources réunies jettent plus de huit cents mètres cubes d'eau minérale dans les vingt-quatre heures. Cette abondance rend praticable le système tant vanté par les médecins des bains pris en piscine; car elle peut fournir, au moyen d'un réservoir rempli pendant la nuit, une eau courante qui ferait si on le voulait de chaque piscine (1) une véritable école de natation.

» La géologie constate aux sources de Saint-Honoré les traces de ces convulsions violentes du globe produites par le feu et les soulèvements souterrains. Les couches mélangées du sol y sont tellement bouleversées, que sans beaucoup d'étude il est difficile de les classer. Le bourg de Saint-Honoré, placé à quelque distance des sources, dans un pays riant et boisé, est bâti sur une ancienne ville dont les débris sans cesse ramenés par la pioche, rappellent l'ère des Césars et le moyen âge confondus. Autun, l'ancienne capitale des Gaules, qui en est à dix lieues, rattachée jadis à Saint-Honoré par une voie romaine, expliquerait, sans la découverte de l'antique établissement thermal, le degré de civilisation qui semble avoir été autrefois le partage de ce pays-là. Quelques médailles mérovingiennes, des monnaies de Charles le Chauve trouvées dans le bourg de Saint-Honoré, établissent qu'il existait encore après la destruction de ses thermes par les barbares. Aujourd'hui ce lieu ne se recommande plus que par ses avantages naturels et que le temps n'a pu lui enlever, il se distingue par son sol éminemment pittoresque, par ses montagnes, ses bois, par ses eaux vives, et un luxe de végétation peu ordinaire. Nulle part la promenade ne fut plus aisément prescrite, car il n'est point nécessaire de l'encourager dans une contrée où les peintres se donnent rendez-vous comme en Suisse. Les environs de Saint-Honoré ressemblent à un magnifique parc, c'est un des points du Morvan les plus cités par ses vues pittoresques, véritable panorama dont l'horizon, presque toujours immense, change à chaque pas.

» La vertu de ces sources est depuis longtemps connue pour les maladies cutanées, pour celles de l'utérus, et pour les affections du larynx et de la poitrine. On leur trouve de grands rapports d'analogie avec celles des Eaux-Bonnes dans les Pyrénées.

---

(1) Pour juger de l'abondance des sources de Saint-Honoré qui débitent près de 800 mètres cubes d'eau en vingt-quatre heures, il suffit de rappeler que Bourbon-Lancy, qui est cité pour l'exubérance de ses eaux, n'en jette que 373 mètres, tandis que Vichy qui attire la foule n'en donne aujourd'hui que 172 mètres dans le même espace de temps.

» Saint-Honoré, situé entre Autun et Nevers, se trouve aujourd'hui, par le chemin de fer du Centre, à 15 heures de Paris.
Si la ressemblance de ces sources continue à être de plus
en plus complète avec les eaux des Pyrénées; nul doute
que son établissement placé au milieu de la France ne doive
prospérer et ne s'agrandisse progressivement. Le long et fati-
gant voyage de Paris aux Pyrénées, toujours dispendieux
pour tous, quand il n'est pas impossible pour plusieurs, pourrait donc être épargné aussi aux habitants du nord, ainsi
qu'à ceux du centre de la France. On est alors déjà en droit de
dire que les eaux de Saint-Honoré restaurées devront de toute
façon rendre un immense service à la santé publique.

» Les gens de la localité qui connaissent leur efficacité, qui
souvent ont été témoins des cures admirables qu'elles ont faites,
ne doutent pas qu'un jour elles ne reprennent leur antique
célébrité. Ils ont une naïve confiance dans leurs sources sulfureuses qui ne s'explique que par les guérisons, dont les récits
transmis héréditairement, ont créé une foi en leur vertu,
foi qu'il n'est pas permis de repousser légèrement. C'est même
surtout cette confiance générale parmi les gens de la cam-
pagne, qui a déjà attiré l'attention d'hommes sérieux et de
quelques bons médecins. Ces vieux dictons populaires au
milieu de ces ruines romaines dont la découverte leur a pour
ainsi dire, prêté main-forte, ont été un trait de lumière pour
eux, car le sentiment de l'observation s'empare de tout, et il a
le don de fixer quelques esprits privilégiés à la place où d'autres
ont passé en courant. »

Les considérations que nous venons d'exposer ont affermi
M. le marquis d'Espeuilles, propriétaire des sources de Saint-
Honoré, dans l'espérance qu'il a toujours eue de voir restaurer
complétement ces eaux minérales et de penser quel intérêt
offrirait pour le pays et pour la France entière la création d'un
bel établissement thermal que sa position rendrait, sans aucun
doute, un bienfait pour l'humanité. Voulant toutefois avant
de rien proposer, s'éclairer sur la nature de l'eau telle qu'elle
coule aujourd'hui en profitant des progrès que la science chimique a faits depuis vingt ans, il a désiré qu'une nouvelle
analyse des eaux de Saint-Honoré fût exécutée aux sources

mêmes, et il a bien voulu me confier le soin de ce travail. C'est dans ce but que j'ai été invité à me rendre à Saint-Honoré, où j'ai reçu chez lui un accueil dont je me plais à lui témoigner publiquement ma reconnaissance.

J'arrivai donc au commencement du mois d'octobre 1851 à Saint-Honoré pour faire le travail qui m'était demandé, et pour y recueillir tous les documents nécessaires à son exécution définitive dans mon laboratoire à Paris.

Source de Saint-Honoré.

Lorsqu'après avoir quitté le bourg de Saint-Honoré, on suit pendant un demi-kilomètre environ la route encaissée entre des roches coupées à pic, qui conduit au joli vallon qu'on découvre de la hauteur, on arrive bientôt à l'endroit où sourdent les eaux et où se trouve aujourd'hui le petit établissement thermal.

Ce local se compose d'une première terrasse où l'on remarque une ancienne piscine à découvert, dont l'eau se déverse dans une pente qui mène au ruisseau de réception. C'est sur ce plateau que sont les divers cabinets de bains avec des baignoires et des douches : à quelques mètres près au-dessous est d'abord un petit bassin circulaire, en forme de puits de trois à trois pieds et demi de profondeur, qui sert habituellement de buvette et dont l'eau très-limpide coule sans interruption par un trop-plein.

Plus loin, et sur le même plan, sont sept cabinets distincts, fermés, contenant chacun des sources qui sortent au fond de bassins circulaires de sept à huit pieds de profondeur, et dans lesquels l'on place les baigneurs au moyen d'un appareil qu'on y plonge à volonté. Là, ils se trouvent dans un bain très-avantageux, dont l'eau se renouvelle par un écoulement continu et en conservant toujours sa température.

Tous ces cabinets sont voisins et rassemblés dans un petit espace ; dans tous, les bassins y sont alimentés par des sources qui partent du fond, et comme elles sont très-abondantes, elles les remplissent constamment et le trop-plein coule sans interruption. Il n'y a pas de doute qu'une nappe souterraine fournit tous ces jets constituant les sources dont nous parlons.

L'eau qu'on recueille est tout à fait identique dans tous les bassins, soit à l'entrée ou dans les cabinets. La température moyenne a été trouvée par moi dans ceux-ci à 31,5 ou à 32 degrés centigrades; seulement dans le puits de la buvette exposé à l'air, ainsi que la piscine de l'entrée on a eu 28,5 pour le premier et 26 seulement pour l'autre. La température extérieure a été, pendant les expériences, de 17 à 18 degrés.

En arrivant à l'entrée de l'établissement thermal on est de suite frappé de l'odeur sulfureuse qui se répand dans l'air; cette odeur est bien plus manifeste auprès des sources et dans les cabinets, il y a en outre une impression réelle d'acide sulfureux. L'eau dans tous les bains est d'une complète limpidité, et ce n'est qu'à la partie tout à fait supérieure et presque extérieure des bassins qu'on aperçoit quelques flocons blancs d'aspect lanugineux formés de *sulfuraire*; mais dans tous les conduits d'écoulement où les trop-pleins se déversent et remplissent une vaste rigole à l'air libre, on remarque d'abord aux parties les plus voisines des bassins d'abondants plumasseaux blancs de *sulfuraire*, puis de *belles conferves vertes* de diverses espèces parmi lesquelles on distingue surtout les nostocks, les trémelles, etc., etc. Tous ces végétaux se développent rapidement et bouchent très-souvent la rigole au point de s'opposer à l'écoulement de l'eau minérale.

Propriétés physiques et chimiques de l'eau de Saint-Honoré.

L'eau de Saint-Honoré qui sourd, par un grand nombre de filets en donnant lieu à plusieurs sources, est, comme on l'a dit précédemment, de nature alcaline et sulfureuse.

Sa saveur est alcalescente, un peu sulfureuse; son odeur surtout décèle ce dernier caractère; l'eau a une thermalité qui s'élève, terme moyen, à 31 degrés, et qui paraît n'avoir pas varié notablement depuis longtemps. Le produit des sources est très-abondant, et l'on peut dire, sans crainte d'être contredit, que c'est une véritable rivière d'eau minérale sulfureuse qui coule à Saint-Honoré.

Les réactifs indiquent dans cette eau la présence : de *sulfates*, de *chlorures*, de *silicates*, de *principe sulfureux en partie combiné*, de *carbonates*, et de *bases telles que la potasse, la soude*,

1.

la chaux, *l'alumine*, d'une petite quantité d'*iodure* et d'une *matière organique.*

L'eau des sources *puisée convenablement* et *refroidie sans le contact* de l'air, fournit au sulfhydromètre 1°,8 pour 1,000 gr. du liquide, et comme terme moyen d'un assez grand nombre d'essais. Agitée avec de la poudre d'argent dans un flacon privé tout à fait d'air, l'eau décantée avec soin fournit encore au sulf- hydromètre la présence d'une notable quantité de principe sul- fureux, ce qui indique l'existence d'un *sulfure* ou d'un *sulfhy- drate.* De plus, en agitant l'eau minérale dans un vase avec l'air, l'odeur sulfureuse est progressivement plus sensible ; avec les acides, ce caractère devient aussi plus manifeste.

Quand on plonge dans l'eau une pièce d'argent *bien décapée*, elle prend une teinte jaune d'or peu apparente ; mais si cette eau tombe sur la pièce par projection et à l'air, la pièce métal- lique devient d'abord jaune d'or, puis violacée, et enfin bru- nâtre. Tous ces caractères sont encore l'indice de la présence du soufre plutôt combiné en sulfure que libre et à l'état d'acide sulfhydrique.

L'addition d'un sel acidule de plomb, de l'azotate d'argent très-ammoniacal, forme dans l'eau un précipité grisâtre ou brun noirâtre de sulfures métalliques.

L'acide sulfurique versé dans l'eau introduite dans un flacon de verre très-transparent laisse au bout de quelque temps de repos apercevoir à la lumière vive du jour des flocons gélati- niformes de silice ; si l'on évapore presqu'à siccité, cette silice reste sous l'aspect d'une gelée.

Enfin, en poussant plus loin l'évaporation, le résidu se char- bonne par la présence d'une matière organique, qui se trouve accompagner tous les produits de l'évaporation directe de l'eau et les colore en jaune.

La distillation de l'eau fournit un peu d'acide carbonique, dont la proportion est bien plus grande quand on mêle au li- quide un peu d'acide sulfurique ou chlorhydrique.

Après une évaporation de beaucoup d'eau minérale de Saint- Honoré en présence de la potasse *pure* à l'alcool, on trouve dans le résidu enlevé par l'alcool froid, calciné et repris par l'eau distillée, une quantité minime, mais non douteuse, d'io-

dure décelé soit par le chlorure de palladium, soit par l'*amidon*, en *gelée claire récente* et l'acide azotique ajouté convenablement ; mais je n'ai pu reconnaître la présence de *bromure*.

On a obtenu quelques indices de *lithine*, d'*oxyde de fer uni à du manganèse*, mais nous n'y avons pas reconnu réellement l'arsenic ; les sels ammoniacaux nous ont paru absents dans l'eau de Saint-Honoré.

Enfin, à côté de l'acide sulfhydrique, elle a donné un peu d'acide carbonique libre, et de l'azote associé à une faible proportion d'oxygène.

Voici comment, d'après des essais nombreux inutiles à décrire ici, nous croyons devoir considérer l'eau thermale de Saint-Honoré composée au sortir du sol.

Savoir, pour 1,000 grammes :

Eau Saint-Honoré 1,000 grammes.   Eau (1 litre).

		cent. cub.
Acide sulfhydrique libre.	0,70	
Acide carbonique libre.	1/9 vol.	
Azote. . . . . }	Indéterminés.	
Traces d'oxygène. . . . . }		

		gr.		
Bicarbonates de chaux. . . . . }		0,098	Carbonates terreux.	0,069
— de magnésie. . . . . }				
— de soude et de potasse. . .	0,040 }			
Silicates { de potasse. . . . . }	0,034 }			
{ de soude. . . . . }				
{ d'alumine.	0,023			
Sulfure alcalin.	0,003			
Sulfates anhydres { de soude.	0,132			
{ de chaux.	0,032			
Chlorure de sodium. . . . . , . . .	0,300			
— de potassium évalué.	0,005			
Iodure alcalin.	traces.			
Bromure ?	—			
Lithine.	traces.			
Oxyde de fer, matière organique.	0,007			
Manganèse.	indices.			
Matière organique. . . . . }	Indéterminées.			
— glairine rudimentaire. . . . . . }				

0,674

Les conferves vertes sont très-riches en iode (1).

---

(1) Les analyses faites antérieurement par Vauquelin en 1813 et par M Boulan-

Gaz dégagés spontanément des sources.

On aperçoit dans tous les bassins ou sortes de puits qui con-
stituent chacune des sources, des bulles de gaz qui se dégagent
par intermittences plus ou moins rapprochées et qui forment
comme des espèces de chapelets. Ces bulles, en crevant à la surface du liquide, laissent dans l'air une faible odeur sulfureuse.

Nous avons recueilli, au moyen d'un appareil approprié, une
certaine quantité de ces bulles, et l'analyse leur a indiqué la
composition que voici :

Acide sulfhydrique.	*fort peu*, mais sensible.
Acide carbonique.	} environ les 4/5 du vol. d'eau.
Azote.	
Oxygène.	*très-peu.*

---

ger en 1838, indiquent les compositions qui suivent pour 1,000 grammes d'eau
minérale :

Vauquelin 1813.

	gr.	
Carbonates { de potasse *sec*.	0,0625	bicarbonate.
de chaux.	0,0415	} bicarbonates 0,160
de magnésie.	0,0335	
Sulfate de soude *sec*.	0,0335	
Chlorure de sodium.	0,2545	
Oxyde de fer.	0,0315	
Silice.	0,0375	
Perte.	0,0200	

0,5145

Acide sulfhydrique. . . . . indéterminé.

Boulanger 1838.

Acides. . . { sulfhydrique.		
carbonique.		
azoté.		
Carbonates { de potasse. . . . . : .	0,0614	
de chaux.	0,0028	
de magnésie.	0,002	
Sulfate de soude.	0,002	} 0,446
Chlorure de sodium.	0,2555	
Oxyde de fer.	0,0001	
Silice.	0,0522	
Barégine.	0,0025	

Regnault.

Terre calcaire et alumineuse.	0,067
Alcali minéral.	0,052
Sulfate de chaux.	0,008
Sel marin.	0,059
Silice.	0,046

0,232

Une partie de ces gaz se dissout dans l'eau en la traversant, et l'oxygène qui doit peu à peu altérer l'élément sulfureux du sulfure surtout, y est décelé aussi par la *teinte bleue* que prend une solution jaune d'*indigo désoxygéné* versé *avec précaution au sein du liquide sans addition d'air étranger.*

Conferves des sources.

Si dans l'intérieur des bassins l'eau est tout à fait limpide et ne laisse apercevoir aucuns flocons blancs ou verdâtres, il n'en est pas de même au pourtour de ces fosses et surtout au conduit qui sert d'écoulement continuel ou de trop plein et qui amène l'eau dans la rigole extérieure exposée à l'air. Là, comme je l'ai dit ci-dessus, on voit de nombreux filaments blancs réunis comme des plumasseaux de charpie et des conferves vertes diverses appartenant aux genres nostocks, tremelles, zygnema, etc. Les filaments blancs vus au microscope présentent une organisation distincte et ne sont autre chose que la conferve dite *sulfuraire* découverte et décrite par M. Fontan dans les eaux sulfureuses des Pyrénées dont l'aspect a une certaine analogie avec celle de Saint-Honoré.

Toutes ces conferves qui se développent au contact de l'air obstruent souvent les conduits, et se renouvellent promptement. On les emploie habituellement comme topiques et comme cataplasmes. Lavées et traitées par la potasse à l'alcool très-pur, elles m'ont donné, après une calcination convenable et des traitements appropriés, la présence d'une quantité notable d'*iode.*

Ne pourrait-on pas continuer à utiliser ainsi ces conferves en cherchant à bien s'assurer de leur action sur l'économie animale, et si le *principe iodique* qu'elles renferment a dans ce cas une certaine influence, peut-être, au moyen d'une torréfaction légère appropriée, pourrait-on faire avec elles des préparations administrées en sachets comme l'éponge ainsi préparée et qui constitue la poudre dite de Sancy.

La présence de l'iode dans les conferves a été reconnue il y a plusieurs années par moi dans celles des sources d'Évaux, puis dans celles de Néris, de Vichy, et dans la matière des eaux pyrénéennes mêlées aussi de conferves, et désignée sous le nom de *glairine.* Depuis on a retrouvé ce principe dans beaucoup

d'autres; M. Chatin l'a vu dans toutes les plantes qui se développent au sein des eaux, et il regarde avec une sorte de raison
que ces végétaux viennent progressivement s'approprier, pendant leur développement, de l'iode contenu dans ces eaux, de
la même manière que différentes plantes, arbres ou arbustes
puisent dans le sol tel ou tel principe qui leur conviennent,
laissant certains à d'autres végétaux et faisant ainsi une sorte de
départ naturel. C'est sur ces principes que reposent les lois des
assolements, des engrais, et des amendements dans la culture.

Thermalité des eaux de Saint-Honoré.

Le degré de 31 à 32 centigrades que présentent, terme moyen,
toutes les sources si abondantes de Saint-Honoré, est d'un grand
avantage parce qu'il est le même ou à très-peu près le même
que celui des bains ordinaires. Il n'est donc nullement nécessaire de faire chauffer les eaux ou de les laisser refroidir, opé-
rations si communes dans beaucoup de sources, et qui détermi-
nent si souvent aussi des altérations ou des modifications dans
l'eau minérale. Ici, au sortir du sol, l'eau est employée telle
que la nature nous la donne, et pour les bains de piscine surtout dans lesquelles on ajoute l'exercice ou la gymnastique de
la natation, cette température de 31 degrés est à coup sûr plus
que suffisante.

Si pour quelques malades ou pour l'administration des douches surtout, il faut élever l'eau minérale de quelques degrés,
4 ou 5 environ; on conçoit que l'addition d'une petite quantité
d'eau chauffée à part à 80 ou 100 degrés remplira parfaitement
l'indication; et dès lors l'eau minérale ainsi allongée n'éprouvera
qu'une modification presque insignifiante.

Conclusions.

En résumant donc tout ce qui vient d'être dit précédemment,
on voit :
1° Que les eaux de Saint-Honoré sont sulfureuses, alcalines,
sensiblement iodurées, et qu'elles offrent par leur composition
chimique une certaine analogie avec celles de la chaîne des
Pyrénées ;

2° Que la proportion de l'élément sulfureux qui s'y trouve
à la fois libre et combiné les assimilerait à quelques-unes des
sources les moins fortes de Bonnes, de Saint-Sauveur, des
Eaux-Chaudes, etc.;

3° Que cette proportion peu élevée des éléments sulfureux
offre peut-être un grand avantage dans l'emploi ou l'administration des eaux de Saint-Honoré contre quelques affections
qui peuvent redouter une excitation trop vive et une action
trop énergique à la fois; les gastralgies, les laryngites chro-
niques, quelques maladies de l'utérus, des intestins, etc., peuvent être dans ce cas;

4° Que la température de 31 à 32 degrés centigrades des eaux
de Saint-Honoré est avantageuse aussi parce qu'elle n'exige
pas, dans la presque généralité des cas, la nécessité de chauffer
l'eau, de la laisser refroidir ou de la couper autrement qu'avec
des quantités presque insignifiantes d'eau étrangère;

5° Que l'abondance des sources permettra de multiplier
l'usage de l'eau en l'administrant soit en douches, en boisson,
soit en bains dans des baignoires, et surtout dans des piscines
vastes à courant continu;

6° Enfin, que par leur position dans un beau pays, au centre
de la France, à peu de distance de la capitale et avec des
moyens faciles de transport, les eaux de Saint-Honoré nous
semblent appelées à reprendre un jour la vogue et l'importance
qu'elles paraissent avoir eues il y a longtemps.

Pour nous, bien convaincus de tous ces faits, certains de leur
utilité et de leurs ressources dans la thérapeutique, de leur immense avantage pour le pays tout entier qui les possède, nous
faisons des vœux pour que leur restauration soit promptement
effectuée.

Paris, 1er mai 1855.

Depuis que cette notice a été imprimée, l'établissement thermal de Saint-Honoré a été commencé sous l'habile direction de
M. Jules François, ingénieur en chef des mines et inspecteur
général des eaux minérales de France.

Les sources, dégagées du béton des Romains, ont été en

quelque sorte remaniées; la poudre a fait sauter des roches qui les comprimaient encore, et leur puissance accrue dépasse 900 mètres cubes d'eau dans les vingt-quatre heures.

Sur l'emplacement même de l'établissement des Romains, l'eau sulfureuse captée par des masses de béton a été réunie dans un vaste réservoir qui s'appuie sur le rocher vif et la préserve ainsi de toute infiltration. Au-dessus de la voûte, des issues ont été ménagées pour laisser passer les vapeurs sulfureuses qui montent ainsi dans des salles d'inhalation. On trouve aujourd'hui sur l'emplacement de l'ancien établissement romain des bains, des douches et des piscines, ainsi qu'un hôtel très-confortablement établi. On y arrive en quinze heures de Paris par Nevers. Saint-Honoré, situé dans le département de la Nièvre, est à 10 lieues d'Autun, 12 de Moulins et 15 de Nevers.

Note sur une matière gélatiniforme produite par les eaux thermales sulfureuses de Saint-Honoré (Nièvre).

Par suite de travaux entrepris en 1854 et 1855 aux sources de Saint-Honoré, dans le but d'aménager et de distribuer à l'établissement thermal l'eau minérale qui les alimente, on a vu dans des conduits naturels, sortes de cheminées souterraines, et par l'action du liquide qui les traversait, se détacher en grande abondance une *matière gélatiniforme* dont on m'a remis un échantillon.

Cette substance, qui avait l'aspect d'une gelée de veau quand elle était récemment recueillie, s'est divisée dans l'eau en fragments ou en flocons. Elle ressemblait tout à fait à des échantillons de glairine fournies par les eaux de Cauterets, de Barèges, d'Olette, de Barzun, etc., que j'avais en ma possession. Après un certain temps elle exhalait une odeur un peu putride désagréable, et les fragments avaient acquis une teinte grisâtre due à des traces de sulfure de fer formé par quelques réactions ultérieures.

La matière recueillie sur une toile fine offrait une légère réaction alcaline par le liquide dont elle était encore imprégnée;

Délayée et placée sur un porte-objet, à l'action d'un micro-scope, elle paraissait formée en presque totalité de masses amorphes diaphanes dans lesquelles on apercevait des filaments capillaires de la nature de certaines conferves propres aux eaux minérales. La chaleur, l'acide sulfurique concentré, à chaud aussi, carbonisait cette matière en détruisant la portion organique qui s'y trouvait, et laissait un abondant résidu fixe blanc *siliceux*.

Traitée par les acides, on ne lui enlevait que des traces de carbonates et quelques sels insignifiants ;

La potasse dissolvait la presque totalité de ladite matière, et lorsqu'on saturait par l'acide sulfurique on obtenait plus tard des cristaux d'alun ;

L'acide fluorhydrique étendu d'eau a dissous aussi très-aisément la substance gélatiniforme, laissant quelques vestiges con fervoïdes filamenteux ;

Enfin, un essai fait à part, pour l'iode, a indiqué la présence de ce principe.

La substance gélatiniforme était donc composée, ainsi que l'avait déjà reconnu avant moi M. Gudin, pharmacien à **Luzy** (Nièvre), savoir :

De silice *hydratée* gélatineuse, en formant la presque totalité.
D'alumine. . . . . . . sensiblement.
De matière organique azotée, pouvant se développer en *conferves*.
De quelques sels insignifiants, *carbonates terreux et phosphates*.
Et de traces d'*iode*.

Cette matière est tout à fait analogue à celle qu'on a nommée *glairine* dans les *eaux sulfureuses alcalines thermales ;* c'est un fait qui démontre encore *l'analogie* de l'eau de Saint-Honoré avec celles-ci.

On m'a remis en outre de la précédente matière un autre produit trouvé dans les fouilles, et se présentant en plaques blanches assez dures.

Ces plaques étaient formées de couches superposées par des dépôts successifs et leur texture ne se reconnaissait que par une inspection attentive, car la masse entière est d'une couleur blanche homogène nullement veinée.

Le produit qui nous occupe est un véritable *travertin siliceux* formé par l'action lente et très-prolongée des eaux de Saint-Honoré, qui ont donné lieu à ces dépôts successifs.

Il est assez dur, happe un peu à la langue, et l'analyse m'a fait y reconnaître comme composition :

De la silice. . . . . en presque totalité.
De l'alumine . . . . sensiblement.
Des carbonates terreux avec phos-
    phate et oxyde de fer. . . . un peu.
Enfin des traces de matière organique.

O. HENRY

Paris. — Imprimé par E. Thunot et Cᵉ, 26, rue Racine.

17